I0479538

www.ingramcontent.com/pod-product-compliance
Lightning Source LLC
Chambersburg PA
CBHW030719220526
45463CB00005B/2119
9781654598907